대사효소와
슈퍼유산균이 건강을 지킨다

김윤선 지음

모아북스
MOABOOKS

저자 **김윤선**

이학 박사, 한의학 박사 수료, 현재 미주여성 포털사이트 missyusa.com 에 『약이 되는 한국음식』 컬럼니스트로 활동 중이며, 미국 방송 Voice of America 『애틀랜타 장금이의 약이 되는 한국음식』 방송에 출연. 대교방송 8부작 『소아약선-비만 아토피 야뇨/야제』 등에 출연했으며, 저서로는「약이 되는 한국음식」,「실험 조리」,「식생활의 관리」,「통합적 유아 요리 활동의 이론과 실제」,「면역력, 내 몸을 살린다」,「석류, 내 몸을 살린다」,「영양요법, 내 몸을 살린다」,「디톡스, 내 몸을 살린다」,「약이 되는 약선 밥상」등 다수의 저서가 있다.

건강하게 장수하고 싶다면
장내세균에 주목하라

눈부신 문명의 발달로 평균수명 100세 시대가 머지않았다. 그러나 평균수명의 증가가 건강수명의 증가로 이어지는지는 의문이다. 수명은 늘어났지만 건강하게 오래 사는 건강수명이 늘었느냐는 장담할 수 없는 것이다. 즉 '얼마나 오래 사느냐'가 곧 '어떻게 오래 사느냐'와 같을 수는 없다. 단순히 장수하는 것이 문제가 아니라 무병장수, 건강장수, 행복장수를 할 수 있느냐 없느냐가 중요하다.

그러면 과연 건강장수를 위해 우리는 무엇에 관심을 가져야 할까? 먼저 인간의 건강을 위협하는 질병이 무엇인지 알아야 하고, 왜 질병이 일어나는지 그 원인을 알아야 한다. 그래야 질병이 나타나더라도 치료할 수 있고, 질병에 걸리지 않도록 미리 예방할 수 있는 것이다. 건강하게 오래 살고 싶다면 질병을 어떻게 다스리느냐가 관건이며, 또한 질병에 강한 건강한 몸을 어떻게 만드느냐가 중요하다.

면역 시스템에 문제가 생기면 나타나는 증상이 질병이다

질병이란 본질적으로 우리 몸의 면역시스템에 문제가 생겨 나타나는 증상이다. 우리 몸의 자가 치유 시스템인 면역시스템이 균형을 이루고 있으면 질병이 생겨날 수가 없으며, 질병에 걸리더라도 충분히 이겨낼 수 있다. 따라서 우리 몸의 면역시스템을 어떻게 잘 구축해 놓느냐가 건강하게 오래 사는 비결이다.

하지만 20세기 의학과 과학의 발전은 인간의 면역시스템을 흩트려놓았다. 감염으로부터 인류를 보호한다는 목적으로 개발된 항생제, 방부제, 살충제와 같은 화학약품이 우리 몸 안에 나쁜 균(유해균)은 물론 좋은 균(유익균)마저 파괴시켜버렸다. 항생제 내성균과 같이 새로운 균이 나났고 이제는 항생제로도 치료할 수 없는 슈퍼박테리아까지 출현했다. 에이즈, 사스, 신종플루 등 새로운 감염질환과 아토피나 천식, 알레르기비염, 크론병, 천식, 다발성경화증 등 면역질환이 끊임없이 인류의 건강을 위협하고 있는 것이다. 따라서 이제는 화학약품에만 의지할 것이 아니라 인체의 각종 시스템을 이해하고 활용해야 한다. 특히 우리 몸의 면역시스템에 주요한 역할을 하는 요소 중 하나인 생체 내 미생물(세균)에 주목해야 한다.

좋은 세균을 살려야 면역시스템을 유지할 수 있다

몸이라는 생태계에는 수많은 미생물이 존재한다. 그중에는 질병을 일으키는 유해균도 있고, 나쁜 세균을 몰아내는 유익균도 있다. 면역시스템은 이런 유익균들이 유해균과 유해물질의 침입을 막거나 몸 안에 침투한 유해인자를 제거함으로써 건강을 유지하게 하는 것이다.

또한 인체는 미생물(세균)들에 의해 소화, 흡수, 배출 등 일련의 작용이 일어나고 이를 통해 항상 최적의 건강 상태가 유지된다. 따라서 이 미생물이 부족하거나 또는 균형이 맞지 않을 경우 생명을 컨트롤하는 인체의 시스템에 큰 문제가 생길 수밖에 없다. 그런데 항생제 등 화약약품의 영향으로 유익균을 포함한 미생물의 수가 감소하면서 결과적으로 유해균의 수가 증가하고, 이러한 유익균과 유해균의 불균형 증가는 면역질환 유발을 촉진할 뿐이다.

이제 좋은 세균들에 집중해야 한다. 세계보건기구(WHO)는 프로바이오틱스(Probiotics)를 '충분한 양을 섭취했을 때 건강에 좋은 효과를 주는 살아 있는 균'으로 정의하고 있다. 아직은 낯선 용어이지만 몸에 유익한 균 모두를 의미한다고 보면 된다. 예전에는 대표적인 유익한 균으로 '유산균'만 쓰였지만 유산균 뿐 아니라 다른 박테리아나 특정 대장균, 호모균도 몸에 유익하게 쓰일 수 있다는 사실이 알려지면서 이들 모두를 포괄하는 용어가 '프로바이오틱스'이다.

이 책에선 이렇듯 건강의 핵심요소라 할 수 있는 장내생태 환경에 대해 알아보고 좋은 균인 프로바이오틱스, 특히 대표적인 프로바이오틱스라고 할 수 있는 슈퍼유산균과 대사 효소의 비밀을 살펴보자.

김윤선

1장 건강의 척도, 장 건강에 주목하라

1) 장 건강이 면역시스템을 좌우한다

　사람은 자연과 더불어 살아갈 때 큰 질병 없이 살아갈 수 있다. 자연이 주는 면역력을 받아 건강하게 살아가는 것이다. 그러나 자연과 동떨어져 사는 삶 속에서 인간의 섭생은 자연을 거스르고 인위적일 수밖에 없다. 오염된 환경 속에서 온갖 인스턴트식품과 불규칙하고 바쁘기만 한 삶을 살아가는 현대인에게 자연적인 면역력을 기대하기는 쉽지 않다.

　바르지 못한 식생활로 건강해지기는 커녕 오히려 건강을 해치고 있으며, 항생제와 같은 화학약품의 남용으로 우리의 몸은 더욱 망가지고 있다. 게다가 점점 더 독하고 치료가 불가능한 질병들까지 등장해 우리를 괴롭힌다. 이런 현상들은 자신의 몸을 치료해주는 면역시스템의 약화와 하

함께 깊이 연관되기 때문이다.

가장 훌륭한 질병 예방법은 면역균형이 깨지기 전에 이를 미리 예방하는 것이다. 하지만 부분적인 처방으로 면역력을 증강시키거나 깨진 면역력을 복원할 수는 없다. 과연 면역시스템을 강화시킬 수 있는 보다 근원적인 방법은 어디에 있을까?

해답은 장내생태계에 달려 있다. 장내생태계를 이루는 각종 미생물들의 균형에 있는 것이다. 의사들이 배변 상태(배변의 유무, 냄새, 형태) 등으로 배설과 직접적인 관련이 있는 장의 상태를 가늠하고 건강 상태를 진단하는 것도 같은 맥락에서다.

복잡한 양상을 띠는 면역시스템이지만 가장 밀접한 관련을 갖는 기관은 소화기관인 소장과 배설기관인 대장이다. 소장은 영양소를 흡수하는 곳이고, 대장은 소화가 끝난 후 잔여물을 변으로 만들어 배출하는 곳이다.

따라서 음식물의 섭취 과정에서 일어나는 흡수장애나 배설장애는 곧 장내 환경 불안정과 직접적인 관련을 갖는다. 또한 흡수장애나 배설장애는 곧 체내에 독소가 쌓이게 하는 역할을 해 면역시스템의 위험요소가 된다.

장수 비결은 장내미생물

제보 이메일: sbs8news@sbs.co.kr

• 건강한 사람은 장내미생물인 유익균이 많다는 공통적인 특징으로서
장수의 비결은 결국 장내미생물들의 균형에 있다는 사실을 보도한 사례

즉, 장 건강을 유지하기 위해서는 장내환경과 미생물들의 균형이 중요하다. 장 건강이 곧 면역시스템을 좌우하는 것이다.

장내생태계는 어떻게 조성되는가?

태아는 양수가 들어 있는 양막 속에서 무균상태로 성장한다. 그리고 분만 과정에서 자궁을 벗어나는 순간 양수가 터지면서 입과 항문 등을 통해 질벽에 붙어 있던 유산균을 체내로 흡수하게 된다. 경희대학교 김동현 교수도 신생아의 장내생태계는 탄생과 동시에 공기 중에 있는 세균과 산모의 유두와 병원의 환경에 의해 조성된다고 밝힌 바 있다.

또한 여성의 질에는 유산균이 살고 있기 때문에 위산이 형성되지 않은 아기의 장에는 엄마의 유산균이 파괴되지 않고 그대로 전달될 수 있다. 처음 아기의 장 속에는 몸에 좋은 유익균만 살게 되는 것이다. 하지만 자연분만이 아닌 제왕절개로 태어나는 아기는 엄마의 질속에 있던 좋은 균을 받을 수 없게 된다.

실제로 자연분만으로 출산한 아이가 제왕절개로 태어난 아이보다 대변에서 유익균인 락토바실러스와 비피도박테리아의 수가 더 높이 검출됐고, 유해균인 클로스트리듐 퍼프린젠스가 상대적으로 적게 검출됐다는 연구보고도 있다.

또한 임산부가 항생제를 복용하면 임산부의 몸속 유익균총이 파괴되어 자연분만으로 태어나더라도 좋은 균을 받을 수 없게 된다.

좋은 균을 받아 장내생태계가 잘 조성되었더라도 성장하면서 환경오염 정도라든가, 섭취 음식 등 생활환경에 따라 점점 유익균의 수는 감소하고 효소는 고갈하게 된다. 그러면서 유해균들이 늘어나고 점차 장내미생물(세균)들의 균형이 깨지고 장내생태계 균형을 잃는 것이다.

장내생태계를 구성하는 미생물로는 유익균과 유해균, 무해균, 효소, 박테리아 등이 있다. 이들이 공생, 증식과 사멸 등의 관계를 유지하면서 생명체를 유지하는 것이다. 이 미생물들이 서로 조화와 균형을 잘 이루며 상생할 때 우리 몸의 조직들이 원활하게 유지되며, 유해균의 수가 많아지면서 조화와 균형이 깨지는 순간 조직들의 기능은 떨어지게 된다. 이는 특히 독소 배출과 같은 배설, 배출시스템과 면역시스템이 큰 영향을 미쳐 결과적으로 질병에 더 잘 노출시키게 되는 것이다.

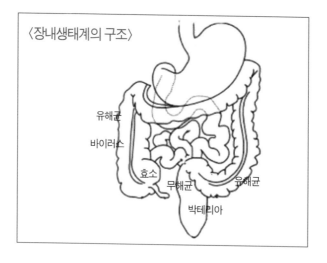

〈장내생태계의 구조〉

유해균
바이러스
효소
무해균
유해균
박테리아

장내생태계와 건강의 관계성

우리 몸의 건강 정도는 장내생태계, 즉 장내생태계를 이루는 미생물들의 조화와 균형에 달려 있다. 각각의 미생물들은 자신의 역할을 수행하고 변화하면서 최적의 균형을 유지하려는 성질을 갖고 있다. 장내미생물이 균형을 이루면 장내생태계 또한 균형을 이뤄 최적의 건강 상태를 유지하는 것이고, 장내생태계가 불안정하면 반 건강 상태, 반 질병 상태라 볼 수 있다. 또한 장내생태계가 파괴되었을 때는 당연히 질병을 수반하게 된다.

장내생태계가 균형을 이룰 때는 ① 원활한 신진대사, ② 소화, 흡수, 이용, 배설 등 원활한 장 기능, ③ 체내 독성물질의 중화 및 배설, 배출 작용, ④ 원활한 지방대사로 비만 예방, ⑤ 유해물질 제거로 노화 방지, ⑥ 피부 건강 유지, ⑦ 건강한 체질 유지, ⑧ 원활한 혈액순환, ⑨ 면역력 향상 등의 신체 변화가 나타난다. 반면 장태생태계가 불균형을 이루거나 파괴되었을 때는 ① 만성피로, ② 소화, 흡수 장애로 인한 영양 불균형 및 영양실조, ③ 체내 부산물, 독성물질, 유해물질 축적으로 인한 노화, ④ 체지방 축적으로 인한 비만 및 내장지방 증가, ⑤ 피부트러블 유발, ⑥ 변비, 숙변 등

대장 관련 질환 유발, ⑦ 면역시스템 불균형, ⑧ 대사증후군
유발 등의 신체 변화를 동반한다.

〈장내생태계 악화와 면역시스템의 약화〉

장내생태계의 불균형 요인으로는 운동부족, 만성피로,
스트레스, 흡연, 항생제 남용, 환경오염 등이 있다.

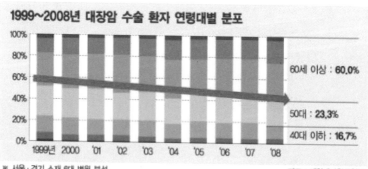

1999~2008년 대장암 수술 환자 연령대별 분포

※ 서울·경기 소재 6대 병원 분석   자료 : 대한대장항문학회

2) 내 몸의 주치의, 장내세균에 대해 알아보자

제 3의 장기, 장내세균은 무엇인가?

인체의 제 3의 장기라 불릴 정도로 그 중요성이 부각되고 있는 장내세균은 장 속에 사는 세균류를 총칭해 쓰는 말이다. 대장균, 장구균(腸球菌), 젖산균, 포도상구균, 진균(眞菌) 등이 대표적인 장내세균으로, 원기둥, 공, 스프링 모양의 단세포 생물을 말한다.

세균의 크기는 보통 0.5~5 μm (마이크로 미터)이며, 대부분 외부에서 영양분을 흡수해 저장한다. 장내세균은 몸속에 보통 100조 마리 정도가 있으며, 1인당 160여 종, 전체적으로는 1,000여 종에 이른다. 특히, 장내 세균은 몸속에 있는 세균 중 그 수가 가장 많기 때문에 숙주인 인간의 건강과 깊은 관계가 있다.

장내 서식 균의 종류와 분포는 장관의 위치에 따라 현저하게 다르다. 건강할 때에는 보통 위 및 십이지장은 거의 무균 상태이며, 소장 상부에는 그람양성균이 주이고 소장 하부에는 균 무리의 수가 증가한다. 대장에는 매우 많은 종류의 세균이 존재하며, 그람음성균이 대단히 많아지고 그

람양성균은 적어진다. 또한 장내 균 무리군은 병원균에 대한 방어적 역할, 또는 비타민 합성이나 소화 작용을 돕는 역할을 한다.

또한 장내에는 이 밖에 소량의 효모와 곰팡이가 들어 있다. 성인의 경우, 대장의 내용물에 포함된 장내세균은 1011~1012개/g이고 100종류 정도로 추정되며 이들이 살아 있는 상태로 대변으로 나오는데 그 체적의 1/2~1/3가량을 차지한다. 세균의 종류는 연령이나 개인에 따라 다소 변동이 있지만, 주요한 것은 연쇄상구균속, 비피더스속이다. 각각 109~1011개/g 정도의 장 내용물에 포함되어 있다. 한편, 연구 초기에 발견한 장내세균과의 조건부성 혐기성세균인 Escherichia(대장균속), Salmonella(살모넬라속) 등은 105~108개/g 정도로 많지 않았다. 이들이 장내 환경에서의 작용이나 세균끼리의 상호작용을 받으면서 다소 변동하며 균형을 이룬다. 이러한 균종의 존재와 생육은 숙주에 대해 유익한 면과 유해한 면이 각각 나타난다. 예를 들면 소화, 흡수, 영양, 독소, 면역, 암 발생 등 건강과 수명에 깊이 관여하는 것이다.

장내세균총과 건강의 관계성

"'물만 먹어도 살로 간다', '아무리 먹어도 살이 찌지 않는다.' 원인은 바로 몸속 장내세균 때문이다. 사람마다 음식물을 소화, 흡수시키는 장내세균이 다르게 분포하기 때문에 몸속 장내세균의 종류에 따라 살이 더 찔 수도, 더 안 찔 수도 있다."

미국 워싱턴대 제프리고든 교수와 고든 교수 팀은 장내세균의 종류에 따라 비만 여부가 결정된다는 연구결과를 발표한 바 있다.

무균쥐의 장내에 비만 쥐의 장내세균과 정상 쥐의 장내세균을 각각 주입했을 때, 같은 양의 사료를 같은 기간 동안 먹였을 때, 비만 쥐의 장내세균을 주입한 쥐가 다른 쥐보다 체중이 배로 늘었다는 보고도 있다.

또한 출생 과정에서부터 사육되는 전 기간 동안 균의 접촉을 통제한 무균쥐는 장내에 장세포들이 정상적으로 발육하지 못했으며, 장 근육의 발달이 이뤄지지 않아 소화 장애도 보였다는 보고도 있다. 균이 없는 깨끗한 장을 가진 쥐의 장이 오히려 건강하지 못한 취약한 장내환경을 조성하는 원인이 된 것이다. 이렇듯 장내세균은 우리 몸에서 없어서는 안 되는 중요 요소이다. 그래서 제3의 장기로 불리며, 장의 건강 상태를 장내세균총 수로 판별하는 것이다.

장내 유익균은 건강 유지와 회복에 필수적이다. 가공하지 않은 식품, 발효제품, 좋은 물, 효소, 미네랄, 비타민 등이 상호작용하여 장내 유익균을 늘이는 데 영향을 준다. 하지만 나이가 들어감에 따라 몸속 유익균은 줄고, 유해균은 상대적으로 증가하여 노화는 물론 각종 질병을 유발시킨다. 따라서 평소 꾸준히 장내 유익균을 증가시킬 수 있는 식습관이 필요한 것이다.

장내 유해균은 유해균을 증식시켜 독소, 발암물질을 발생시키는데 장 점막을 손상시키고, 혈액에 섞여들어 장기를 손상시켜 면역 기능과 장기 기능을 떨어뜨린다. 당연히 자가면역 질환도 유발시킨다. 장내세균총에서 유해균이 더 많으면 장내에서 부패가 일어나 가스가 차고, 변을 보더라도 늘 잔변감을 느끼게 된다. 변비와 숙변이 심해 방귀의 냄새가 독하고 암모니아가스, 황화가스 등 숙변으로 인해 만들어진 유해가스가 혈관을 타고 온몸에 퍼져 간 손상뿐 아니라 세포의 노화를 촉진시킨다.

특히, 장내 유해균이 만든 독소 중 황화수소가 가장 몸에 해로운 역할을 한다. 황화수소는 단백질인 황산염 박테리아가 부패해 발생하는 독소이다. 당뇨, 고혈압, 비만, 변비, 대장암, 간암, 관절염, 뇌출혈, 치매 등 만병의 근원이 되는 것이다.

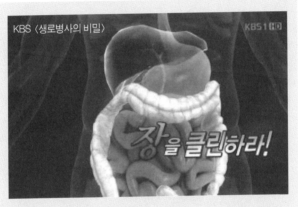

• 식생활이 서구화되면서 장속의 유해균을 증가시켜 비만, 위장염, 궤양성 대장염, 과민성대장증후군, 만성변비 등으로부터 대장암 발병률이 2배 이상 높다고 보도한 사례

장내세균이 병을 치유한다

호주에서는 대장염환자가 장내세균을 이용해 대장염을 치료한 예가 있다. 현대의학으로 치료하지 못한 만성장염 환자의 장을 깨끗이 청소하고 건강한 사람의 장내세균을 주입시켰다는 것이다. 박테리오테라피라는 유익균으로 병원체를 몰아내는 치료법이다.

또한 사이언스지는 의학 분야 최고 연구 성과로 "신체 안에 있는 유익한 세균(프로바이오틱스)이 장기와 공생하며 장기의 기능을 도와준다는 사실 발견"을 선정하기도 했다. 미국립공중보건원 항생제연구소도 "유익한 세균으로 병원체를 몰아내는 '박테리오테라피'가 앞으로의 대안"이라고 밝힌 바 있다.

병원균을 물리치거나 혈중 콜레스테롤을 낮추고, 독성물질과 발암물질을 분해하거나 생성을 억제하고, 소화관의 벽을 두껍게 해 면역기능까지 높여주는 장내 유익균이 질병 치료에 획기적인 물질로 대두한 것이다. 특히, 장내 유익균 증식에 프로바이오틱스가 바이오테라피의 획기적인 물질로 주목받고 있다.

〈장내에 존재하는 각종 미생물〉

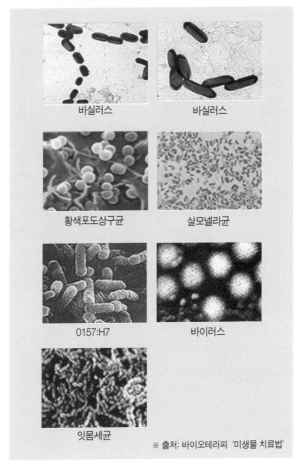

바실러스　　　　　　　바실러스

황색포도상구균　　　　살모넬라균

0157:H7　　　　　　바이러스

잇몸세균　　　　※ 출처: 바이오테라피 '미생물 치료법'

"장수마을 주민들, 도시인보다 장내 유산균 3~5배 많다"

김치와 된장 등 발효식품과 채식을 많이 먹는 장수마을 사람들이 도시인들에 비해 비만억제, 대장질환 등에 도움이 되는 장내미생물이 3~5배 정도 많은 것으로 나타났다.

식품의약품안전청은 최근 농촌건강장수마을 거주자와 도시지역 40대 이상 거주자의 장내미생물 분포를 분석한 결과 장수마을 거주자들이 건강에 도움이 되는 유산균을 3~5배 이상 많이 갖고 있는 것으로 조사됐다고 9일 밝혔다. 반면 건강에 해로운 유해균은 도시 거주자에게서 비교적 높은 분포를 보인 반면 장수마을 거주자에서는 거의 검출되지 않았다.

식약청에 따르면 장내 균총을 종(Species)수준에서 비교한 결과 유익균인 락토바실러스는 도시인과 농촌사람의 분포도가 전체 장내 세균대비 0.56% 대 1.355%, 락토코커스는 0.02% 대 0.1%로 최대 5배까지 차이를 보였다.

하지만 유해균으로 알려진 클로스트리디움 퍼프리젠스는 각각 전체 장내 세균대비 0.02% 대 0.0055%, 살모넬라 엔테리카는 0.005% 대 0.000%로 최대 3.6배 차이가 났다. 식약청 관계자는 "건강한 삶을 위해 채식과 유산균이 다량 함유된 김치, 된장 등 발효식품 등을 많이 섭취하는 것이 좋다"면서 "항생제 장기 복용 이후에는 최소한 1주 이상 발효식품 등을 섭취해 장내세균을 정상화하는 것이 필요하다"고 말했다.

이번 연구는 농촌건강장수마을 사업을 추진 중인 충북 영동군 토항마을과 강원도 춘천시 박사마을 거주자 40대 이상 25명과 서울과 서울근교지역 40대 이상 44명을 대상으로 했다.

- 경향신문, 정유미 기자 (2011. 6. 9)

최근 20년 동안 프로바이오틱스가 훼손된 현대인의 건강을 되찾아준다는 연구결과가 속속 보고되고 있다. 항생제와 방부제와 같은 화학물질로 훼손된 현대인의 장내세균을 또 다른 새로운 화학물질로 해결할 수는 없다는 것이다.

즉, 인간 건강 증진을 위해선 화학약품이 아니라 프로바이오틱스와 같은 유익균을 개발하는 것이 무엇보다 중요하다.

1) 프로바이오틱스란 무엇인가?

'프로바이오틱스(Probiotics)'란 건강한 사람의 장에 살고 있는 균들로
"적절한 양을 섭취하였을때 체내에 들어가서 건강에 좋은 효과를 주는 살아있는 균"을 말합니다.

Probiotics are "living microorganism which when administered
in adequate amount confer a health benefit on the host".

출처:FAO/WHO(세계건강기구)

프로바이오틱스는 장내미생물의 균형을 향상시켜 건강
을 증진시키는 미생물첨가제의 의미로 쓰이고 있으며, 유
산균 제제라고도 불린다. 프로바이오틱스가 장내미생물의
성질은 개선시키고 장내생태계를 조화롭고 균형 있게 만들
어주기 때문이다.

2011년 세계보건기구(WHO)와 세계식량기구(FAO)의 합

동전문가 위원회는 프로바이오틱스를 '건강에 유익한 세균'이라고 정의했다. 프로바이오틱스는 '프로(pro)'와 '바이오틱스(biotics)'의 합성어로 항생제(Antibiotics)에 대비되는 개념으로 만들어진 용어이다.

안티바이오틱스(Antibiotics)가 생명을 의미하는 바이오틱스(biotics)에 안티(anti: ~에 반하는)가 붙어 항생제로 번역되었으니, 바이오틱스(biotics)에 pro(~를 위한)가 붙은 것은 '생명을 위한' 즉 중생제로 번역할 수 있다.

파스퇴르: 1858년, 포도주 숙성과정에 관여하는 미생물 발견(최초의 유산균 발견)

프로바이오틱스의 창시자는 19세기 프랑스의 미생물학자 파스퇴르라고 할 수도 있는데, 그가 유익균이 유해균의 성장을 억제할 수 있음을 발견했기 때문이다.

하지만 진정한 프로바이오틱스 시대를 연 사람은 메치니코프이다. 메치니코프가 락토바실러스 불가리쿠스균이 장내 유해균을 억제

한다는 사실을 발표하고, 〈생명 연장〉이라는 저서를 통해 건강을 유지하는 데 필수적인 요소가 유익한 장내세균임을 주장했기 때문이다.

메치니코프: 1907년 〈생명 연장〉 논문 발표

프로바이오틱스의 종류와 영향

유산균을 비롯한 세균들이 프로바이오틱스로 인정받기 위한 조건은 위산과 담즙산에서도 살아남아야 하는 것이다. 살아남아 소장에 진입해 장에 증식하고 정착한 후 유익한 효과를 내야 한다. 당연히 독성은 없어야 하고 비병원성이어야 한다.

대표적인 프로바이오틱스로는 Bifidobacterium, Lactobacillus, Lactococcus, Eneteroccus, Stretococcus 등이 있다. 대부분의 프로바이오틱스가 유산균들며 일부 Bacillus 등을 포함하기도 한다.

프로바이오틱스의 기능

프로바이오틱스는 섭취되어 장에 도달하였을 때에 장내 환경에 유익한 작용을 하는 균주를 말한다.

즉, 장에 도달하여 장 점막에서 생육할 수 있게 된 프로바이오틱스는 젖산을 생성하여 장내 환경을 산성으로 만든다. 산성 환경에서 견디지 못하는 유해균들은 그 수가 감소하게 되고 산성에서 생육이 잘 되는 유익균들은 더욱 증식하게 되어 장내 환경을 건강하게 만들어 주는 것이다 (Ouwehand 등, 2002). 사람의 장에는 약 1kg의 균이 서식하고 있으며 음식물의 양과 균의 양이 거의 동일하게 존재하고, 매일 배설하는 분변 내용물도 수분을 제외하면 약 40%를 균이 차지한다(Berg 등, 1996).

사람의 분변을 현미경으로 관찰하면 거의 균 덩어리로 이루어져 있음을 알 수 있으며 이들 균의 99% 정도는 혐기성 균이다. 모유를 먹는 건강한 아기의 경우, 분변 균 중 90% 이상이 Bifidobacterium으로 이루어져 있으나 나이가 들면서 점차 Bifidobacterium은 감소하고 장내 유해균은 증가하게 된다(Homma 등, 1998). 이러한 정상적인 노화 과정에서 장내 균총의 분포를 건강한 상태로 유지하도록 도와주는 것이 프로바이오틱스의 기능이다.

〈프로바이오틱스의 다양한 건강증진 효과〉

- 장내미생물 균형 유지
- 면역력 증진
- 혈중콜레스테롤 저하, 비만 예방
- 암 예방, 대사성질환 예방

- 장내 유익균을 증식시킨다: 면역력 향상, 독소 해독 능력
  향상, 자가치유 능력 향상
  장내 정착하여 증식하는 유산균은 병원균이 소화기관에
  침투하는 것을 방해하여 질병을 예방해준다.
- 장내 유해균을 억제시킨다: 항생제 대체 물질의 역할
  설사와 장 트러블을 유발하는 병원균이나 유해균의 증식을
  억제한다.
- 배변활동을 원활하게 한다: 변비 및 숙변 해소
  변비나 숙변으로 인한 독성물질 생성을 억제시켜 질병
  유발을 예방한다.

2) 프로바이오틱스의 특허물질, 슈퍼유산균의 발견

프로바이오틱스 중에서도 우수한 종균과 획기적으로 개발된 빠른 증식력을 가진 장내미생물이 개발됐다. 바로 슈퍼(Super)유산균이다. 유산균이 위산에 죽고 체온에서 증식되지 못하는 단점을 해결한 방법으로 〈위산 PH 2.5~3.5〉, 〈체온 36.5 °C 〉, 〈소화기관 17시간〉에서 300배이상 증식되며 〈유해균 억제능력〉과 〈유익균 증식능력〉이 탁월함을 인정받아 특허를 획득했다.

종균 특허 10-0844310, 10-087880, 10-0536454외 6종, 출원 3종으로 체내에서 최적의 기능을 발휘하는 슈퍼유산균 특허물질은 강력한 부패 억제 능력, 강력한 유익세균 증식 능력의 특징을 갖는다.

또한 위산에서도 사멸되지 않고 일반 유산균은 30℃ 이하 온도에서만 활성을 보이는 데 반해 체온(36.5℃)에서도 활성도가 높다. 17시간에 무려 400배의 증식이 가능하기도 하다. 뿐만 아니라 다른 미생물은 악취와 묽은 변을 억제시키지 못하지만 '슈퍼유산균'은 단 5분 이내에 악취와 묽은 변을 멎게 할 만큼 즉각적인 효과를 보여준다.

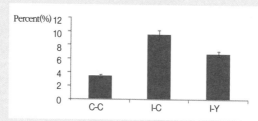

프로바이오틱스

슈퍼유산균   식물성유산균 JS

장내생태계 환경 최적화

소화 흡수, 에너지 생성 배출 및 배설

자연치유능력-회복, 복구, 치유

항산화, 항노화

면역 체계 강화

슈퍼유산균의 과학적 검증자료

▶ 2010년 슈퍼유산균 관련 논문: 연구책임자 한경대학교 최강덕 교수 발표

〈급여에 따른 질병저항성 및 면역증진효과〉

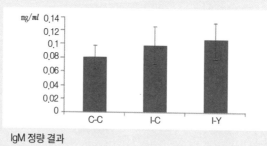

체중대비 간의 비율

IgM 정량 결과

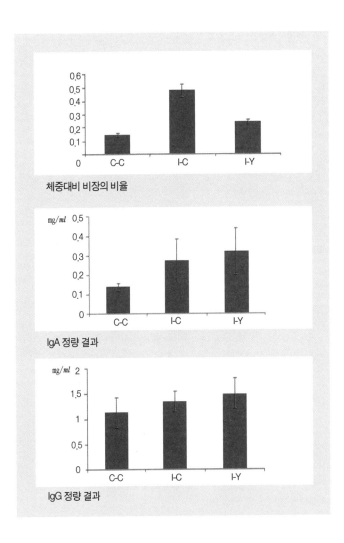

체중대비 비장의 비율

IgA 정량 결과

IgG 정량 결과

한경대학교 최강덕 교수가 실시한 실험으로 살모넬라균 천만 마리를 병아리에 먹인 대조군과 살모넬라균 천만 마리를 급여하고 수퍼유산균 천만 마리를 먹인 실험구의 결과를 보면 대조군의 폐사율은 84%인 반면 실험구(1-Y)는 44%이고 체중대비 간의 비율과 비장의 비율이 현저하게 낮은 수치를 보였으며 면역력이 상승된 결과를 보였다.

▶ 2011년 12월 15일 슈퍼유산균 연구논문: 한국식품영양학회지 817페이지 수록 - 안용근교수 (충청대학교 식품영양학부)

슈퍼유산균의 효능

임상결과 아토피, 습진, 버짐, 무좀, 식중독,, 숙취, 두통, 변비, 설사, 소화불량, 탈모, 만성피로, 알레르기성 비염, 중이염, 감기몸살, 콧물감기, 풍치, 시린이, 피로, 스트레스, 생리불순, 생리통, 관절염, 대상포진, 위염, 장염, 간염, 식도염, 이명 등에 효과가 있다고 한다. 또한, 수퍼유산균을 분석한 결과 항고혈압성을 나타내는 안지오텐신 전환효소 저해 활성은 46.6%, 항비만성을 의미하는 α글루코오스 저해 활성은 53.9%, 항산화작용은 19.9% 미백효과는 13.3%를 나타냈다. 따라서 항고혈압, 항비만, 항산화와 미백 기능성이 있는 것으로 나타났다.

항암 효과

　수퍼유산균을 50, 100, 250mg/ml 농도로 인간 폐암 상피세포 A549에 가하여 24시간 반응시킨 결과 A549 암세포 증식 속도는 50%, 60%, 82% 감소하여 항암작용이 있는 것으로 나타났다

3장 장내 최적화 미생물, 식물성유산균 JS에 대해 알아보자

식물성원료를 배지로 하여 유산균을 접종 발효시켜 생성된 미생물(유산균)인 식물성 유산균은 우리나라 전통 발효식품인 김치, 장류, 절임류 등을 통해 매일 섭취하고 있는 물질이다.

특히, 이런 식물성유산균 중에서도 최근 개발된 식물성유산균JS가 화제다. 식물성유산균JS는 콩 발효식품, 야채 절임식품 등 식물에서 유래 분리되어 포도당 등 탄수화물을 사용하여 발효시켰다. 장내세균으로 결점이 없는 선옥균으로 식생활에 다양하게 활용할 수 있는 물질로 주목받고 있는 것이다.

1) 식물성 유산균 특허내용

- 내산성에 강하여 위산에 견디는 힘이 매우 우수하다.
(장까지 70% 이상 생존하고 배변으로 30%이상 생존함)
- 내열성 매우 우수함. (90℃ 이상에서 약 2분 동안 약 88% 생존)
- 암모니아(NH$_3$)성분 분해시킴
- 알콜성분 분해대사를 촉진시켜 간세포를 보호한다.
- 내담즙성, 내염성이 매우 우수함
- 유당불내성을 완화시킴
- 항암효과
- 콜레스테롤 낮춤
- 이질균 대장균 등의 유해균 성장 억제
- 혈당 혈압 조절에 도움이 됨
- 노화방지, 아토피 피부에 도움이 됨
- 동맥경화, 성인병예방에 도움이 됨
- 비타민 합성 작용(비타민 B군, K군 생성시킴)
- 황산화 효과
- 과산화 지질 생성 억제 등

2) 식물성유산균의 특성

구 분	내 용
환경	• 내산성, 내담즙성, 내염성, 내열성에 강함
능력	• 장관내에서 증식능력, 생존력, 정착력이 우수
기능	• 자가면역기능 강화 • 항산화 작용이 우수 • 혈청 지질대사 개선에 효과적
효능	• 독성물질인 암모니아 성분 분해력이 강함 • 장 기능저하로 인한 악취제거에 효과적
특징	• 70% 이상이 살아서 장까지 도달하며 활동성이 우수. • 장 기능 개선에 효과적이다

(특허등록번호 0435168, 특허균주 기탁번호 : KCCM-10499)

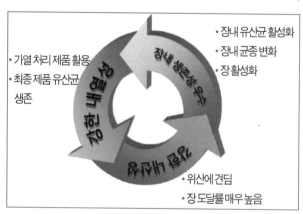

• 장내 유산균 활성화
• 장내 균총 변화
• 장활성화

• 가열 처리 제품 활용
• 최종 제품 유산균 생존

장내 생존성 우수

강한 내열성

유래가 광유

• 위산에 견딤
• 장 도달률 매우 높음

일반적으로 알려져 있는 유산균(동물성)은 열이나 산에 약한 최대의 단점을 가지고 있으나 개발된 식물성 유산균은 열이나 산에 대단히 강하며 흡수된 반 이상의 유산균이 살아서 장까지 도달하며 활동성도 매우 좋음.

3) 식물성유산균 연구사례

(분석기관 : 한양대 의과대학 천연의학 연구소.)

식물성 유산균 JS 동물실험

1. 내열성 비교 실험결과

미리 균수를 측정하여 조정한 일반유산균 3종과 식물성유산균인 Lactobacillus fermentum JS를 비교하였음. 100ml 비이커를 미리 실험개시 30분 전에 90℃ 건조기에 넣어 예열한 후 대조유산균과 식물성 유산균을 각각 5g씩 예열된 비이커에 넣고 건조기에 넣고 2분 경과 후 상온에서 냉각시켜 BCP첨가 평판 측정용 한천배지를 이용한 유산균 시험법에 따라 균수를 측정하였음.

유산균 종류	초기 유산균 수 ($\times 10^7$ cfu/g)	90℃ 2분 후 균수 ($\times 10^7$ cfu/g)	생존율(%)
Lac,fermentum JS 식물성유산균JS	277	243	87.7
Lac,acidophillus 일반유산균	287	126	37.9
Bifido, longum 일반유산균	258	98	37.9
Strep, faecalis 일반유산균	280	139	49.6

2. 내산성 비교 실험결과

식물성유산균 Lactobacillus fermentum JS 균이 낮은 PH에서도 생존가능한지를
알아보기 위해 내산성 시험을 하였음. 배지는 BCP첨가 평판측정용 배지를 사용
하였으며, 37℃에서 72시간 배양. PH조정은 염산(HCl)을 이용하여 PH 2.0, 3.0으로
조정하였으며, 상기 조건으로 배양하여 유산 생성에 의한 황색의 colpny를
유산균의 균수로 계측.

유산균	ph	초기 균수 (cfu/ml)	1시간 후 (cfu/ml)	2시간 후 (cfu/ml)
Lac.fermentum JS 식물성유산균JS	ph3.0	7.0×10^{7}	5.0×10^{7}	7.4×10^{8}
	ph2.0	7.0×10^{7}	6.6×10^{6}	5.0×10^{5}
Lac.acidophillus 일반유산균	ph3.0	7.0×10^{7}	3.2×10^{4}	6.5×10^{2}
	ph2.0	7.0×10^{7}	4.3×10^{3}	5.7×10^{2}

실험결과

식물성유산균Lactobacillus fermentum JS균주는 PH3.0과2.0에서 각각 10^{7}(82%
이상의 생존율)과 10^{5}(73%이상의 생존율)의 균수의 저하가 있었지만 생존율은
매우 높은 상태로 유산균인 Lactobacillus acidophillus 의 경우는 PH3.0과 2.0각
존재하였음. 그러나 일반 각에 대해 약 10^{5}정도씩의 균수의 저하가 있었으며 낮은
생존율을 나타내었음.

3. 내담즙성 실험결과

MRS배지(PH2.0)에 제균한 담즙산액(Oxgall powder, bileextract)을 1.0%(w/v)가
되도록 농도를 맞춘 후, 생리식염수용액으로 Lactobacillus fermentum JS균주를
접종하여 37℃에서 배양하였음. 배양 중에 출발시점 (0시간), 1,2,3,4,5,6시간대의
배양액 100㎕를 취하여 48시간 배양한 후 유산균 수를 측정하였음.

담즙산 농도 (w/v)	유산균 수(cfu/ml)						
시간	0	1	2	3	4	5	6
1.0%	$5.1×10^7$	$7.5×10^6$	$6.3×10^6$	$4.9×10^6$	$4.5×10^6$	$5.2×10^6$	$4.8×10^6$

실험결과

담즙산(옥스갈)을 1.0% 첨가하여도 식물성유산균 Lactobacillus fermentum JS균이
정상적인 생육을 보여주어 체내에서 담즙산이 분비되어 영향을 줄 수는 있으나,
당사의 식물성유산균은 생육이 가능하므로 생균활성제(probiotics)로서의 역할이
충분히 기대되는 우수한 유산균으로 결론 내릴 수 있음.

4. 혈당강하 효과 실험결과

시험동물은 3~4주령의 obese mouse를 사용하여 9주령까지 안정화시켜 유산균을 3주간 섭취시킨 후 시험 분석을 하였음.

Control : 대조군(유산균을 섭취하지 않은 시험군)
Lac.F-100 : 식물성유산균 Lactobacillus fermentum, 농도 2배
Lac.F-50 : 식물성유산균 Lactobacillus fermentum, 농도 1배
HYW-100 : 타회사 유산균, 농도 2배
HYW-50 : 타회사 유산균, 농도 1배

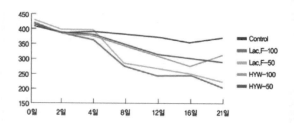

실험결과

그래프에서 대조구에 비해 식물성유산균(Lac.F-50,100)이 약 3주간 복용한 결과, 혈청 중의 글루코오스 레벨을 현저히 낮추어 주는 결과를 나타내었음.

이는 시판중인 타 회사의 유산균(Lac.F-50,100)과 비교하여도 유의적으로 효과가 더 높은 것으로 나타났음. 이결과는 식물성유산균이 당뇨예방이나 혈당치가 높은 사람에게 효과가 기대됨.

44

5. 혈청 지질대사 개선 효과실험

시험동물은 3~4주령의 obese mouse를 사용하여 9주령까지 안정화시켜 유산균을
3주간 섭취시킨 후 시험 분석을 하였음.

Control : 대조군(유산균을 섭취하지 않은 시험군)
Lac.F-100 : 식물성유산균 Lactobacillus fermentum, 농도 2배
Lac.F-50 : 식물성유산균 Lactobacillus fermentum, 농도 1배
HYW-100 : 타회사 유산균, 농도 2배
HYW-50 : 타회사 유산균, 농도 1배

Parameter	Control	Lac.F-100	Lac.F-50	HYW-100	HYW-50
Triglyceride (mg/dl serum)	137.53±1.38 (100.0%)	119.90±0.41 (87.2%)	125.65±7.16 (91.4%)	134.59±4.82 (90.8%)	129.71±2.34 (94.3%)
Total cholesterol (mg/dl serum)	123.96±6.93 (100.0%)	104.43±2.24 (84.2%)	115.73±3.24 (93.4%)	112.61±5.46 (90.8%)	121.82±4.56 (98.3%)
LDL-cholesterol (mg/dl serum)	112.04±5.79 (100.0%)	83.64±0.48 (74.7%)	90.94±1.79 (81.2%)	91.88±2.28 (82.0%)	95.47±3.45 (85.2%)
HDL-cholesterol (mg/dl serum)	56.03±2.91 (100.0%)	68.08±0.97 (121.5%)	65.48±0.39 (116.9%)	59.18±2.13 (105.6%)	58.22±1.16 (103.9%)
Atherogenic Index(AI)	1.21±0.13 (100.0%)	0.53±0.10 (43.8%)	0.79±0.08 (62.8%)	0.90±0.16 (64.4%)	1.09±0.17 (90.1%)

실험결과

1) 중성지질(Triglyceride)에 있어서 식물성유산균(Lac.F-50,100)이 대조군(유산균을 섭취하지 않은 시험군)에
비해 낮은 수치를 나타내었으며, 타회사의 유산균에 비해서도 낮은 수치를 나타내었음. 이는 중성지질로 인한
복부비만이나 과체중 등을 예방해 주는 기능을 가짐.

2) 총 콜레스테롤(Total cholesterol)에 있어서도 식물성 유산균이 대조군과 비교하여 유의적으로 낮았으며,
타 회사의 유산균과 비교시에도 낮은 수치를 나타내어 기능성이 기대됨.

3) 나쁜 콜레스테롤인 저밀도지단백(LDL-cholesterol)의 경우에서는 식물성유산균이 대조군과 비교하여
유의적으로 낮은 수치를 나타내었으며, 타 회사의 유산균과 비교에도 낮은 수치를 나타내어 저밀도
콜레스테롤로 인한 각종 성인병 예방에 식물성유산균이 좋은 효과를 나타낼 것으로 기대됨.

4) 고밀도지단백(HDL-cholesterol)은 혈관 중에 쌓여 있는 중성지질이나 저밀도 지단백을 간으로 옮겨다가
분해하여 배변으로 배출시키는 역할을 하여 좋은 콜레스테롤이라고도 하는데, 수치가 높을수록 좋은
결과를 가져오며, 식물성유산균을 섭취 시 유의적으로 가장 높은 수치를 나타내었음.

5) 동맥경화지수(Atherogenic index, AI)는 [(Total cholesterol-HDL cholesterol)/HDL cholesterol]로 나타내며
수치가 낮을 수록 효과가 좋은 것으로 판단할 수 있음. 식물성유산균의 경우 동맥경화지수가 대조군에
비해 현저히 낮으며 타 회사의 유산균과 비교시에도 낮은 수치를 나타내어 식물성유산균의 기능이 훨씬
우수한 것으로 판명되었음.

6. 노화방지 효과 실험결과

시험동물은 3~4주령의 obese mouse를 사용하여 9주령까지 안정화시켜 유산균을 3주간 섭취시킨 후 시험 분석을 하였음.

Control : 대조군(유산균을 섭취하지 않은 시험군)
Lac.F-100 : 식물성유산균 Lactobacillus fermentum, 농도 2배
Lac.F-50 : 식물성유산균 Lactobacillus fermentum, 농도 1배
HYW-100 : 타회사 유산균, 농도 2배
HYW-50 : 타회사 유산균, 농도 1배

Parameter	Control	Lac.F-100	Lac.F-50	HYW-100	HYW-50
Lipid peroxide(LPO) (nmol/ml serum)	5.10±0.23 (100.0%)	4.37±0.15 (85.7%)	4.56±0.28 (89.4%)	4.49±0.30 (88.0%)	4.52±0.33 (88.6%)
Hydroxyl radical (nmol/mg protein)	4.27±0.42 (100.0%)	3.68±0.27 (86.2%)	3.91±0.13 (91.6%)	3.80±0.13 (89.0%)	3.92±0.10 (91.8%)
Superoxide radical (nmol/mg protein)	86.60±3.01 (100.0%)	71.75±3.11 (82.9%)	77.84±4.96 (89.9%)	78.30±4.11 (9.4%)	82.24±0.90 (95.0%)
Superoxide dismutase (SOD(unit)/mg protein)	212.83±7.97 (100.0%)	258.98±5.51 (121.7%)	245.28±3.06 (115.2%)	257.30±8.62 (120.9%)	242.44±5.33 (113.9%)
Glutathione peroxidase (GSHPx(U)U/g protein)	7.32±0.24 (100.0%)	8.64±0.57 (118.0%)	7.96±0.11 (108.7%)	7.91±0.52 (108.1%)	7.54±0.55 (103.0%)

생체방어 효소인 SOD나 GSHPx 등은 체내에서 존재하는 강력한 항산화 효소로서 널리 알려져 있으며, 식물성유산균의 생성량이 유의적으로 대조군에 비해 높은 수치를 나타내었으며, 타 회사 유산균과 비교 시는 SOD의 경우는 비슷한 수치를 나타내었으며, GSHPx는 식물성유산균이 약간 높은 수치를 나타내었음. Hydroxy radical의 생성은 식물성유산균이 8.4~13.8% 억제하였으며, Superoxide radical의 활성 역시 10.1~17.1%로 억제되었음. 과산화지질 함량 역시 10.6~14.3% 억제되었으며, 타 유산균과 비교시 낮은 수치를 나타내었음.

※전체(3,4,5항목) 실험결과의 효과를 백분율로 표기

obese mouse를 대상으로 한 식물성유산균의 실험결과를 다음 표에 백분율로 나타내었으며, 비교 테이터로 누에가루 추출물과 차가버섯 추출물에 대한 실험 결과도 함께 나타내었음.

식물성 유산균 JS 결론

	검정항목	식물성 유산균JS	누에가루 추출물	차가버섯 추출물
당뇨치료 효능부분	혈당강하효과	37~47	21.7~30.8	-
노화방지	과산화지질 억제효과	10.6~14.3	+5.3~3.2	19.8
	히드록시 라디칼 억제효과 (활성산소 중 가장 독성 강함)	8.4~13.8	14.1~19.4	23.4
	수퍼옥시드 라디칼 억제효과 (활성산소 중 독성 강함)	10.1~17.1	15	12.4
	수퍼옥시드 디스무타아제 활성효과 (생체방어효소 중 가장 중요)	15.2~21.7	8.6~14.3	12.4
	글루타치온 퍼옥시다아제 활성효과 (강력한 항산화효소)	8.7~18.0	-	16.2
성인병예방 효능부분	중성지질 억제효과 (성인병의 원인물질)	8.6~12.8	2.6~16.1	15.8
	총 콜레스테롤 억제효과 (성인병의 원인물질)	6.6~15.8	-	16.1
	LDL-콜레스테롤 억제효과 (실제 성인병 발병 원인물질)	18.8~25.3	-	7.3
	HDL-콜레스테롤 억제효과 (항 콜레스테롤 인자)	16.9~21.5	-	11.7
	동맥경화지수 (성인병 초기 발병지표)	38.2~57.2	-	39.1

입냄새 측정 시험 결과(식물성 유산균 JS레몬맛)

입냄새 기준치 (500이하)
측정기기: 입냄새 분석기 MBA21

시험 회수	1차 측정 (복용 전)	2차 측정 (섭취 3분 후)	3차 측정 (섭취 20분 후)
3회	67	70	55

4) 식물성유산균 JS의 효능은 무엇인가?

1) 영양학적으로 유산균에 의한 발효로 영양성분들은 소화흡수 되기 쉬운 형태로 변화된다.

2) 장내 균총의 개선: 유산균이 장내 PH를 저하시킴으로써 유해균을 억제하여 장내 환경이 개선된다.

3) 혈중 콜레스테롤 저하: 유산균의 대사산물이 콜레스테롤 생산을 억제하거나 결합하여 혈중 농도가 저하된다.

4) 항암 및 암 예방: 발암물질 생성을 억제하며 발암물질로 손상된 유전자를 회복시켜 암 예방에 효과적이다.

5) 비타민생성: 비타민B군, 비타민K, 니코틴산, 엽산 등을 합성하여 발육촉진, 간장강화, 조혈작용, 피부 미용에 효과적이다.

6) 전염병 예방: 장내 유해세균이나 병원균들의 번식을 억제하여 전염병 예방에 효과적이다.

7) 피부 미용: 유산균이 생산하는 각종 비타민과 효소, 독소제거 효과로 피부의 노화현상을 방지한다.

8) 설사, 변비: 유산균이 장내에서 설사를 일으키는 유해세균을 억제하여 설사가 적어진다. 또한 소화촉진으로 장

의 운동을 원활히 하여 변비가 개선된다.

5) 동물성유산균과 식물성유산균의 다른 점

우리가 시중에서 접하는 유산균이나 요구르트균은 대부분 동물에서 분리된 동물성유산균(우유발효 유산균)이며 배지 영양분으로 탄수화물뿐만 아니라 단백질, 지방 등을 사용한다. 이들 동물성유산균의 발효양상은 단백질과 지방 등을 이용하여 시간이 지나면서 부패균수가 증가하여 식용으로 사용할 수 없다.

이와는 대조적으로 식물성유산균 JS는 식물 자연계에서 분리되었으며, 배양액 성분을 포도당 등 대부분의 탄수화물을 사용함으로써 인체나 환경에 해로운 물질과 균주에 저항하는 물질을 분비하며, 부패균주와 병원성 미생물의 생육을 억제하는 기능을 가지고 있다.

다음 장에서 보다 자세히 알아보자.

'장 생존율' 90%… 식물성 유산균에 주목

아침에 요구르트 한 병을 마시면 장까지 살아서 도착하는 유산균은 얼마나 될까? 유제품에 들어 있는 유산균은 1병당 100억 마리나 되지만, 실제 장에 도달하는 것은 이 중 20~30%뿐이다. 유산균이 위산을 견디지 못하기 때문이다. 그러나 산에 강한 식물성 유산균을 이용하면 이런 문제를 해결할 수 있다. 식물성 유산균은 장까지 살아서 도달하는 비율이 90%가 넘어 '슈퍼 유산균' 이라고도 불린다. 최근 일본에서는 전통식품 '스구키츠케(순무절임류)' 에서 분리한 '라브레균' 이라는 유산균을 이용한 음료와 생과자 등이 인기를 끌고 있다. 국내서도 풀무원, 한국야쿠르트 등에서 식물성 유산균을 이용한 음료를 연이어 출시하고 있다.

◆ 장내 산성 환경에 강해

식물성 유산균은 김치, 장류, 과일 등 식물성 식품에서 생식한다. 이에 반해 보통의 유산균은 우유, 요구르트 등 동물성 식품에 생식하므로 동물성 유산균이라 부른다. 박용하 영남대 미생물공학과 교수는 "그 동안 동물성 유산균의 생존율을 높이기 위해 유산균을 캡슐로 싸는 등 많은 노력을 했지만 큰 효과를 보지 못했다" 며 "원래부터 염분이 많고 산성이 강한 김치, 된장, 간장 등에 서식하는 식물성 유산균은 위나 소장의 산성 소화액에서도 잘 죽지 않아 최근 주목을 받고 있다" 고 말했다.

실제로 이정민 남부대 식품생명과학과 교수가 식물성 유산균과 동물성 유산균의 특성을 비교해 한국식품영양과학회지에 발표한 논문에 따르면, 식물성 유산균은 동물성 유산균보다 장 세포에 들러붙는 능력이 3.84배, 곰팡이에서 나오는 독소인 아플라톡신을 제거하는 능력이 8.54배 높다.

식물성 유산균 제품을 만드는 국내외 업체들은 식물성 유산균이 장 활동 촉진이나 면역력 증강 등의 효과가 동물성 유산균과 비슷하면서도 생명력은 400배 이상 강한 것으로 실험 결과 나타났다고 주장한다. 유산균의 생존율이 중요한 이유에 대해 박용하 교수는 "유산균은 유산균을 싸고 있는 껍질에 좋은 성분이 많아 죽어도 효과를 어느 정도 발휘할 수 있지만, 살아있는 유산균은 장내 침입해 유해균을 죽이는 등 다양한 역할을 추가로 할 수 있어 죽은 유산균보다 10배 이상 효과가 있다"고 설명했다.

◆동양인에 이점 더 많아

유산균은 장의 연동운동을 촉진시켜 설사나 변비 증상을 완화시켜 준다는 것이 가장 큰 장점. 그러나 이 밖에도 다양한 효과를 발휘하는 것으로 최근 밝혀지고 있다. 이부용 차의과대학 의생명과학과 교수는 "유산균은 외부에서 침입한 세균이나 알레르기 물질 등이 장관 점막을 통해 체내로 들어가는 것을 막아 아토피성 질환과 과민성증증후군 등을 억제하는 효과가 있다. 또, 대장 내 산도를 낮춰 발암물질을 생성하는 균을 죽이고, 장내 지방 흡수를 억제해 비만을 억제하는 효과도 있다"고 말했다. 생존력이 강한 식물성 유산균은 특히 한국인처럼 채식 위주의 식생활을 해온 동양인에게 이점이 많다. 동양인은 서양인보다 장(腸)의 길이가 80㎝정도 더 길다. 영양분이 적고 소화흡수 속도가 더딘 야채류 등의 통과 시간을 늘려 음식물에서 영양분을 조금이라도 더 많이 빼내기 위해 유전적으로 길어진 것이다. 이부용 교수는 "이런 특성 때문에 같은 양의 유산균을 먹어도 동양인은 서양인보다 유산균이 장 끝부분까지 생존할 확률이 낮은데 식물성 유산균을 섭취하면 이런 문제를 해결할 수 있다'고 말했다.

식물성·동물성 유산균의 차이점

	식물성 유산균	동물성 유산균
서식 장소	야채, 과일, 곡류, 장류	우유 및 우유 가공품
인공 위액 내 생존율(PH 2.5)	90% 이상	20~30%
종류	200여종	100여종
영양환경	고농도 염도, 영양이 풍부하지 않은 곳에서도 생식 가능	영양이 풍부하고 균형이 맞는 곳에서만 생식 가능
주요 함유 식품	김치, 절임류, 식물성 유산균 음료	요구르트, 유제품
음료 1병(150mL)당 열량	57~95㎉	135~150㎉

자료: 일본유산균식품학회지

◆열량은 동물성 유산균의 절반

동물성 유산균 음료는 유산균을 우유에 넣어서 만드는 반면, 식물성 유산균은 과일이나 콩 등으로 만든 음료에 넣기 때문에 칼로리가 동물성 유산균 음료의 절반 정도다. 따라서 식물성 유산균 음료는 음식물 열량에 예민한 젊은 여성에게 어울린다. 또 김치나 콩 등을 먹기 싫어하는 어린이에게도 도움이 될 수 있다. 이부용 교수는 "유산균만 놓고 본다면 김치 유산균을 넣은 음료를 마시면 김치를 먹었을 때와 같은 효과를 볼 수 있다"고 말했다.

-헬스조선, 홍유미 기자 (2009. 9. 22.)

4장 생명의 촉매, 대사효소의 역할

1) 효소(Enzyme)란 무엇인가?

우리는 앞서 장내 세균에 대해 알아보았다. 그럼 생명의 촉매역할을 하는 효소에 대해 알아보자.

효소란 생물체 내에서 일어나는 화학반응의 속도를 증진시키는 활성단백질로 생명체를 움직이게 하는 촉매물질이다. 식물, 동물, 인간의 세포에서 생성되는 물질로 단백질로 이루어져 있으며 우리 몸 곳곳에서 아주 중요한 역할을 한다.

다양한 음식물이 영양소로 분해하고 흡수되는 것을 도와 대사 작용을 원활하게 하며, 효소가 없으면 영양소를 만들 수 없기 때문에 뼈나 살과 같은 인체 조직이 제대로 형성될 수 없다. 즉, 탄수화물을 당으로, 단백질을 아미노산으로 분해시키는 등의 작용을 한다.

음식물로부터 취한 영양소를 세포에 공급할 수 있도록 하며, 세포 성장과 기초가 될 수 있도록 영양소를 분해하는 것이다. 때문에 인체의 모든 생화학반응이 효소 없이는 일어날 수 없다고 할 수 있다. 특히, 효소는 장내환경(미생물)을 구성하는 필수물질이다.

효소의 기능

아밀라아제: 탄수화물, 녹말의 소화 및 분해를 돕는다.
리파아제: 기름과 지방의 소화 및 분해를 돕는다.
셀룰라아제: 섬유질의 소화 및 분해를 돕는다.
락타아제: 유제품의 소화 및 분해를 돕는다.
프로테아제: 단백질의 소화 및 분해를 돕는다.

영양소　　　　　효소

탄수화물
단백질
지방, 지방산　　　＋　　　아밀라아제
비타민　　　　　　　　　　**프로테아제**
미네랄　　　　　　　　　　리파아제　　　→　　　포도당
　　　　　　　　　　　　　　　　　　　　　　　아미노산
　　　　　　　　　　　　　　　　　　　　　　　글리세린

생명의 빛 생체촉매, 효소

"살아 있는 힘, 효소는 생명의 빛이다."

미국의 효소 권위자 에드워드 하웰 박사는 효소를 이렇게 표현했다. 1억 분의 1㎜의 미세물질로 혈액 속에서 또는 장기의 세포 속에서 인간 생명의 모든 작용에 관여하고 있는 효소는 생명의 빛이란 찬사를 받을 만하다. 아무리 잘 먹어도 이를 분해하고 소화시키는 촉매, 즉 효소가 없으면 아무 소용이 없다.

효소 없이는 말 그대로 피가 되고 살이 되는 일은 있을 수 없는 것이다. 따라서 원만한 생체작용을 위해 효소가 부족하거나 그 작용이 저하되면 체외에서 바로 효소를 공급해 줘야 한다.

2) 효소의 기능별 종류

효소는 기능과 공급원에 따라 분류할 수 있다. 생성과정과 형태에 따라 체내효소와 체외효소로 나누고, 체내효소는 다시 소화효소와 대사효소로 나눈다. 소화효소는 타액, 췌장, 위장 등에서 분비되며 동물, 인간, 효모 등에서 생산된다. 아밀라아제, 리파아제, 프로테아제 등이 소화효소이다. 또한 대사효소는 신체에서 생산하는 효소로 신진대사에 필수적으로 관여한다.

조직을 생성하고 결합하는 데 작용하며, 각 장기기능에 관여한다. 배설, 배출 등 기초대사에도 관여한다. 체외효소는 식품효소로 음식에 함유돼 있으며 소화 흡수에 관여한다.

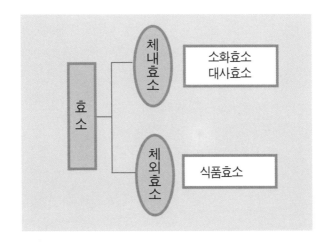

3) 왜 효소를 섭취해야 하는가?

　인간은 나이가 들면서 체내효소 부족현상을 겪게 된다. 단백질이든, 탄수화물이든 영양소만 잘 섭취하면 효소는 언제든 생성된다고들 착각하지만 사실 평생 동안 만들어지는 체내효소의 양은 한정되어 있기 때문이다. 체내효소가 부족하면 신진대사 기능이 감소하게 되고, 결국 영양 결핍과 대사산물 증가로 노화현상 및 각종 질병이 발생한다. 장내미생물 균형이 파괴됨으로써 면역력이 약화되어 면역계 질환, 대사성 질환 등을 유발하는 것이다.

　독일과 체코슬로바키아에서 이뤄진 조사에 따르면 소화효소인 아밀라아제의 양은 노인보다 젊은이에게 30배나 더 많았고, 체액도 두 배나 더 많다고 한다.

　에드워드 하웰의 "수명도 노화도 효소가 결정한다."라는 말이 빈말이 아닌 것이다. 건강하게 장수하려면 나이가 들수록 효소를 꾸준히 섭취해야 한다.

대사효소의 6대 생리작용

소화흡수작용	영양소를 분리하여 흡수하기 쉬운 상태로 만든 후, 세포의 영양분 및 장기의 에너지로 흡수시킨다. 또한 여러가지 효소를 만들어 혈액을 통해 온몸의 필요한 곳으로 보낸다.
분해배출작용	염증 부위의 오물, 세포에 쌓인 각종 노폐물을 분리하여 땀이나 소변을 통해 배출시킨다.
항염항균작용	염증이 생기면 백혈구를 운반하고 그 활동을 도와 치유력을 높여주고 소염작용을 돕는다.
해독살균작용	간 기능을 강화시켜 외부로부터 들어오는 독소를 분해 해독한다. 화농균에 대하여 항생물질 이상의살균력을 갖고 있다.
혈액정화작용	혈중 독소와 이물질, 노폐물을 분해 배설시키고 특히 콜레스테롤을 용해시켜 혈행개선을 돕는다.
세포부활작용	세포의 대사기능을 활성화시켜 낡은 세포와 새로운 세포를 신속히 교체시킨다.

4) 활성산소 생성을 억제하는 효소

1991년 존스 홉킨스 대학 의학부는 "지구상에 존재하는 인류를 앓게 하는 질병은 3만6천 가지인데, 이 질병의 모든 원인은 활성산소이다."라고 발표했다. 활성산소(oxygen free radical)는 불안정하여 주변의 세포를 공격하고 손상을 줄 수 있다. 산소와 에너지는 인간의 생존에 필수적인 요소이지만, 에너지를 만드는 과정에서 우리 몸에 이로운 산소가 우리 몸에 해로운 산소로 바뀌는 것이다. 활성산소에 의해 공격 받은 세포는 기능을 잃거나 변질되기도 하는데, 세포가 생리적 기능을 잃어버린다는 것은 우리 몸의 기능을 유지할 수 없다는 것을 의미한다.

활성산소가 질병을 일으키는 기전으로는 아토피성 피부염, 성인병, 백내장, 세포 파괴 및 염증과 발암 등이 있으며, 효소는 이런 활성산소를 효과적으로 흡착 제거하는 물질이다. 따라서 활성산소를 잡아주는 효소는 건강 유지에 반드시 필요하다. 체내효소가 부족하여 활성산소를 제거하지 못하면 노화진행을 촉진하고 각종 질병을 유발시켜 결과적으로 건강을 잃고 수명도 단축되는 것이다.

효소는 활성산소 생성을 사전에 차단한다

활성산소는 장내환경, 즉 미생물환경에서 발생이 증가한다. 특히, 유익균이 부족하거나 장내세균 균형이 깨졌을 때 우리 몸에 치명적인 활성산소가 대량으로 발생한다. 변비나 숙변 등으로 체내에 독소가 쌓여 있다가 활성산소가 발생하는 것이다.

이런 활성산소의 근원적 해결책은 대사효소에 있다. 대사효소가 장내 환경을 조절해주는 것이다. 대장균, 웰슈균, 장구균 등이 발생시키는 활성산소를 신속하게 흡착 제거해주고, 장내미생물 균형을 맞춰 유해균을 제거시킴으로써 장내환경을 깨끗하게 만들어준다. 근본적으로 활성산소 발생을 사전에 차단하는 것이다.

5장 슈퍼유산균과 식물성유산균 JS 그리고 대사효소가 인체에 미치는 영향에 주목하자

슈퍼유산균과 식물성유산균JS, 대사효소가 서로 상호작용하여 나타나는 효과 중 가장 기본은 우리 건강의 시작점이라 할 수 있는 장내생태계를 복원하거나 회복하는 등의 역할을 하여 바람직한 생체환경 시스템을 만들어내는 것이다. 즉, 슈퍼유산균과 식물성유산균JS, 대사효소의 작용으로 장내생태계가 균형을 이루면 자연히 인체의 해독시스템, 면역시스템 자연치유시스템도 활성화된다. 그리고 이런 기능들이 면역계, 소화계, 혈관계, 호흡기계 등 인체 전 영역의 건강과 연관된다.

장내 생태계(미생물) 균형이 무너졌을 때 체내 독성물질은 증가하는데, 신체에 독이 쌓였을 때 나타나는 증상들은 다음과 같다.

▶ 정신기능을 방해하고 노화를 유발

▶ 만성피로와 두통 유발

▶ 건선, 건반, 주름, 알레르기 등 피부질환 유발

▶ 피부노화 촉진

▶ 스트레스, 심장 기능 약화

▶ 근육 무력감과 피로 상태 유발

▶ 고지혈증, 중풍, 당뇨, 신장결석 유발

▶ 호흡이 원활하지 않게 됨

▶ 관절 통증 유발

▶ 복부비만, 변비, 생리통, 자궁질환, 질염 등 장과 자궁질환 유발

즉, 슈퍼유산균과 식물성유산균JS, 대사효소의 섭취만 게을리 하지 않는 등의 노력으로 장내생태계 균형을 깨트리지만 않는다면 우리는 충분히 건강한 삶을 영위할 수 있는 것이다.

〈슈퍼유산균과 식물성유산균 JS, 대사효소의 인체 적용 개요〉

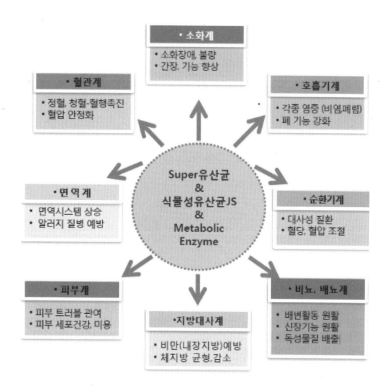

〈장내생태계 복원과 회복을 위한 근본적이고 획기적인 주역 제시〉

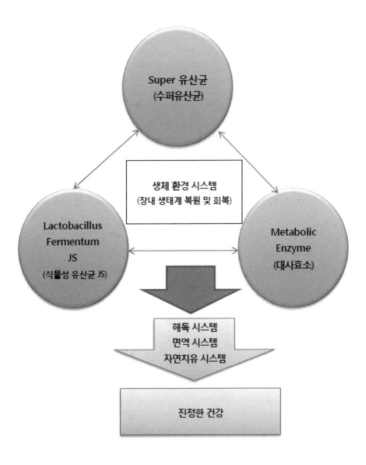

6장

대사효소와 슈퍼유산균의 역할, 무엇이든 물어보세요

Q : 슈퍼유산균, 누가 섭취해야 하나요?

A : 슈퍼유산균은 남녀노소를 불문하고 모든 사람이 섭취하면 좋습니다. 항생제와 방부제와 같은 화학물질에 노출되어 유익균의 수가 감소하고 있는 현대인에게 슈퍼유산균의 섭취는 유익균 증간에 좋은 보조식품이 될 수 있기 때문입니다.

예를 들어 슈퍼유산균을 섭취한 임산부가 아기를 낳으면 엄마의 좋은 유익균이 아기에게 전달되어 아토피가 발병할 확률이 낮아질 수 있습니다. 또한 스트레스와 운동 부족, 불규칙한 식생활로 인한 과민성장증후군으로 고생하는 수험생이나 직장인에게도 프로바이오틱스는 증상완화에 좋은 효과를 나타냅니다.

나이가 들수록 장내유익균이 줄어드는 노년층의 경우에도 슈퍼유산균의 섭취는 반드시 필요합니다. 이뿐 아니라 슈퍼유산균은 인체 여러 영역에서 효과를 나타내 다양한 질환을 가진 많은 분에게 도움이 됩니다.

Q : 슈퍼유산균, 정말 효능이 있는 건가요?

A : 간혹 슈퍼유산균이 효과가 없다고 주장하는 이들이 있습니다. 이에 대한 논문이 있기도 합니다. 하지만 이런 부정적인 결론은 프로바이오틱스의 다소 추상적인 정의에서 비롯한 것입니다. 바로 '충분히 섭취했을 때 건강에 도움이 되는 살아 있는 균'이라는 프로바이오틱스의 정의에는 어떤 균을 얼마나 먹어야 효과가 나타나는지 구체적으로 제시되지 않는 것입니다.

따라서 특성 균을 특정 질환자에게 섭취시키고 곧바로 효과가 나타나지 않는다고 하여 성급히 모든 프로바이오틱스와 그 하부에 슈퍼유산균도 효과가 없다고 결론 내리는 것은 성급한 일반화의 오류를 범하는 것입니다. 실험과정에서 부적절한 균주를 사용했을 수도 있고 프로바이오틱스를 충분히 섭취하지 않았을 수도 있는데, 이런 과정을 무시한 채 모든 프로바이오틱스는 효과가 없다는 결론을 내려서는 안 됩니다.

즉, 이미 효과가 검증된 충분한 양의 살아 있는 균의 개념으로 다시 정리할 필요가 있습니다. 당연히 이미 특허 출원을 받은 '슈퍼유산균'이나 '식물성유산균JS'의 경우가 이에 속한다고 볼 수 있습니다.

Q: 유산균을 섭취할 때 위산이 파괴되나요?

A: 좋은 균을 섭취해도 위산에 의해 파괴되기 때문에 소용없다는 주장이 있습니다. 나름 일리가 있는 말입니다. 유해균의 침입을 막아주는 역할을 하기도 하는 위산은 음식물을 분해하는 역할과 더불어 함께 들어온 유해균도 파괴합니다. 이 과정에서 유익균도 파괴되는 것이 사실입니다.

하지만 그렇기 때문에 우리는 몸에 좋은 더 많은 좋은 균(프로바이오틱스)을 섭취해야 하는 것입니다. 위산에서 살아남은 균만이 소장으로 흡수되고, 장으로 도달할 수 있습니다. 그 과정에서 더 많은 유익균을 남기기 위해서는 그만큼 더 많은 충분한 양의 유산균을 섭취해야 합니다.

Q : 프로바이오틱스, 얼마나 먹어야 하나요?

A : 제품마다 담겨 있는 균의 종류와 수, 보관 상태에 따라 살아 있는 균의 수가 모두 제각각입니다. 따라서 정량을 정해놓을 수는 없습니다. 또한 내 몸에 얼마나 많은 유익균과 유해균이 존재하느냐에 따라 내가 섭취해야 할 양도 달라집니다.

장내유해균이 많으면 더 많이, 더 오래 섭취해야 효과가 나타납니다. 다만 프로바이오틱스를 섭취하고 장내유익균이 증가되는 시점인 프로바이틱스 섭취 3주 후부터는 결과를 참고할 수는 있습니다.

당연히 만성장질환을 가진 사람의 경우에는 장내 환경이 개선되기까지 시간이 더 걸립니다. 끝까지 포기하지 않고 꾸준히 섭취하는 것이 중요합니다.

A : 미국식약청(FDA)은 프로바이오틱스를 일반적으로 안전하다고 인정한 GRAS 등급으로 규정하고 있습니다. 또한 한국식약청(KFDA) 공전에도 안정성이 입증된 프로바이오틱스 균이 등재되어 있습니다.

제품 대부분이 등재된 균주로 만들어지며, 만약 공전에 등재되지 않은 균으로 만들어진 프로바이오틱스는 제품의 안정성을 개별적으로 인정받는 절차를 거쳐야 합니다. 또한 프로바이오틱스 제품에 사용되는 균주 대부분은 치즈, 요구르트와 같이 장기간 섭취해온 음식물에서 추출한 것으로 안정성이 잘 검증돼 있습니다.

다만 심각한 질환 보유자가 프로바이오틱스 균 때문에 패혈증을 일으킨 사례가 있기는 합니다.

그러므로 면역기능이 약화된 환자의 경우에는 전문가와 상담을 통해 안정성과 효과가 인정된 제품을 선택해야 합니다.

Q : 유산균, 음식으로만 섭취해도 충분하지 않나요?

A : 한국음식에는 김치나 간장, 고추장, 된장 등 다양한 발효식품이 있습니다. 이런 식품들은 다양한 유산균을 함유한 좋은 프로바이오틱스 식품들입니다.

또한 이들 식품은 매 끼니마다 기본 반찬으로 또는 다른 음식들의 양념으로 쓰이기도 합니다. 하지만 이런 이유로 우리는 늘 충분한 발효식품을 섭취하고 있다는 착각에 빠지기도 합니다.

정작 발효식품에 포함된 프로바이오틱스의 종류와 수는 제조방법, 보관방법, 재료에 따라 천차만별이고 우리에게 필요한 만큼의 프로바이오틱스를 섭취한 음식이 제공하고 있는지도 알 수 없는데도 말이지요.

따라서 좀 더 확실하게 유산균을 섭취하고 싶다면 효과가 검증된 프로바이오틱스 제품을 선별해 섭취하는 것이 좋습니다.

Q : 몸에 좋은 프로바이오틱스를 선택하는 가장 좋은
  방법은 무엇인가요?

A : 과학적 증거를 바탕으로 선택하는 것입니다. 어떤 균
이 어디에 좋다고 하는지 검증된 제품을 선택하시면 됩니
다. 또한 제품의 포장이나 보관 상태를 꼼꼼히 체크해 보는
것도 필요합니다. 일반적으로 동결 건조된 균은 쉽게 파손
되고 변성될 수 있으며 습도에 매우 민감합니다. 습도에 따
라 균이 죽어 우리 몸에 아무 유익을 주지 못할 수도 있는
것입니다.

제품을 만들 때 얼마나 많은 균을 포함하느냐가 아니라
우리 몸에 얼마나 많은 살아 있는 균을 제공하느냐가 중요
합니다. 따라서 동결 건조된 균은 실온보관보다 냉장 보관
하는 제품을 선택하는 것이 좋습니다.

A : 60세 이상 노년층이 병원을 찾는 이유 중 가장 빈번한 것이 바로 장 기능과 관련해서입니다. 특히 입원환자에게 자주 발생하는 문제가 설사와 변비죠. 항생제 같은 약물 복용이 원인이기도 하지만 주로 병상에 누워 있기 때문에 운동량이 부족하기 때문입니다.

이런 입원환자, 특히 고령의 입원환자는 프로바이오틱스 섭취를 통해 배변활동에 도움을 받을 수 있습니다. 오스트레일리아에서 진행된 임상실험에서도 중환자실에 입원한 환자를 대상으로 프로바이오틱스를 섭취시킨 결과 설사가 일어나는 확률이 현저히 줄었습니다.

내가 먹는 것이 나를 만든다

인체는 매우 복잡하고 정교한 기계에 비유할 수 있다. 마치 많은 기관이 모두 자신만의 고유 기능을 하면서도 서로 연관성을 갖고 상호작용하는 작고 큰 톱니들이 맞물려 있는 하나의 기계와 같다. 인체의 어느 톱니 하나라도 기능이 멈추면 곧 삐거덕거리다 결국 다른 인체 기능까지 모조리 멈춰버리고 만다.

이 톱니를 원활하게 돌아가게 하는 근본 동력이 바로 장내 환경이다. 그리고 장내환경을 조성하는 것이 미생물인 것이다. 좋은 미생물이 많으면 인체에 유익한 장내환경이 조성되는 것이고 나쁜 미생물이 많으면 유해한 장내환경이 조성된다.

과거부터 지금까지, 그리고 미래에도 인간의 질병은 이런 장내환경, 즉 장내생태계의 파괴로 인한 독성물질의 장기 축적과 배설 장애에서 기인해 왔고, 기인할 것이다. 독성물질의 체내 축적이 면역력 파괴와 치유능력 상실을 야기하는 것이다. 당연히 장내생태계 파괴를 막고 독성물질을 빠르게 배출시키면 질병으로부터의 위협에서도 안전할 수 있다. 그리고 이런 장내생태계를 복원시키는 최선의 방법이 장내에 유익한 미생물을 공급하는 것이다.

　인체에서 가장 최우선으로 하는 기능인 해독시스템 또한 마찬가지다. 노화와 수명, 건강과 직결되는 해독시스템의 중책을 맡고 있는 존재도 바로 장내미생물이다. 이렇듯 장내 미생물이 우리 몸에 끼치는 영향은 건강의 근간을 흔들 정도로 막강하다. 따라서 우리는 우리 몸에 좋은 영향을 끼치는 좋은 장내미생물을 채워 넣어야 한다.

　이 좋은 미생물이 바로 프로바이오틱스, 즉 우리 책에서 소개한 슈퍼유산균과 식물성유산균JS, 대사효소이다. 또한 장내미생물의 균형과 조화 그리고 기능활성화 요인 또한 슈퍼유산균과 식물성유산균JS, 대사효소인 것이다.

　내가 먹는 것이 나를 만든다. 또한 생체 이용률을 효율적으로 높여야 건강한 나를 만들 수 있다. 이를 위한 최선의 방법이 장내생태계 균형과 회복이다.

바로 슈퍼유산균과 식물성유산균JS, 대사효소와 같은 좋은 유산균을 섭취하여 균형적인 장내생태계를 조성하고 건강한 나를 만드는 것이다. 슈퍼유산균, 식물성유산균JS, 대사효소만이라도 바로 알고 잘 섭취해도 우리는 질병 없는 건강한 삶을 영위할 수 있다.

이 책에는 장내생태계를 비롯한 우리 인체와 질병의 특성, 미생물과 유익균, 유해균 그중에서도 진정한 건강 유지와 건강수명 연장을 위한, 삶의 질을 높이는 가장 획기적인 방법의 키워드라 할 수 있는 슈퍼유산균과 식물성유산균 JS 그리고 대사효소에 대해 자세히 기술해 놓았다.

이 책이 건강장수의 열쇠가 되길 바란다.

대사효소와 슈퍼유산균이 건강을 지킨다

1판 1쇄 인쇄 | 2012년 08월 10일
1판 1쇄 발행 | 2012년 08월 17일

지은이 | 김윤선
발행인 | 이용길

발행처 | **모아북스**
MOABOOKS
관리 | 정 윤
디자인 | 이룸

출판등록번호 | 제 10-1857호
등록일자 | 1999. 11. 15
등록된 곳 | 경기도 고양시 일산구 백석동 1332-1 레이크하임 404호
대표 전화 | 0505-627-9784
팩스 | 031-902-5236
홈페이지 | http://www.moabooks.com
이메일 | moabooks@hanmail.net
ISBN | 978-89-97385-18-8 03570